Chandan Deep Singh
Rajdeep Singh
Harleen Kaur

Avaliação crítica dos 5S e Kaizen no sucesso das PME

Chandan Deep Singh
Rajdeep Singh
Harleen Kaur

Avaliação crítica dos 5S e Kaizen no sucesso das PME

ScienciaScripts

Imprint

Cover image: www.ingimage.com

This book is a translation from the original published under ISBN 978-620-2-02505-8.

Publisher:
Sciencia Scripts
is a trademark of
Dodo Books Indian Ocean Ltd. and OmniScriptum S.R.L publishing group

120 High Road, East Finchley, London, N2 9ED, United Kingdom
Str. Armeneasca 28/1, office 1, Chisinau MD-2012, Republic of Moldova, Europe
Printed at: see last page
ISBN: 978-620-7-75455-7

ÍNDICE DE CONTEÚDOS

CAPÍTULO-1
INTRODUÇÃO

1.1 Sobre a Kaizen

No atual ambiente competitivo, a produtividade é a principal preocupação das organizações.

Na maioria dos países, a economia capitalista procura aumentar a produtividade através da eliminação de vários custos e da redução de desperdícios. Para ultrapassar os factores de custo, foram iniciadas as técnicas de produção optimizada. Estas técnicas de fabrico enxuto são o 5S, o Kaizen, o Six Sigma, o SCM, o Just-in-Time, etc. A abordagem mais eficaz é a abordagem Kaizen, que surgiu no Japão. Kaizen é o termo japonês (o significado de "Kai" é "mudar" e o significado de "Zen" é "bom") que, no contexto indiano ou no significado inglês, define a melhoria contínua (Palmer, 2001).

De acordo com Terziovski (2000), "Kaizen significa uma melhoria que conta com a participação de todos, incluindo trabalhadores e gestores", utilizando o princípio de servir as necessidades dos clientes. As melhorias na qualidade do produto, no custo e na entrega são os principais resultados da implementação do Kaizen.

Palmer (2001) define a implementação do Kaizen como uma forma de manter um baixo custo e menos inventário, bem como uma prática para reduzir o desperdício nos processos e obter uma mudança contínua nos sistemas, quando comparada com a implementação do Lean. Ao contrário de outras técnicas tradicionais, o Kaizen é uma técnica filosófica determinada para alcançar qualidade, funcionalidade e preços para sustentar a competitividade do produto no ambiente de mercado (Modarress, Ansari e Lockwood, 2005).

O Kaizen também se diferencia de outras práticas de melhoria contínua ao permitir que os membros da equipa mudem e implementem essas mudanças e vejam os resultados dos seus esforços (Farris et al., 2008), bem como ao encorajar a participação ativa dos trabalhadores da empresa na engenharia industrial e na conceção do trabalho (Wood, 1989). A implementação de métodos e actividades Kaizen é por vezes designada por "evento Kaizen" (Doolen et al., 2007).

1.2 Sobre o 5S

Na fase inicial, a metodologia 5S foi utilizada para desenvolver um sistema de gestão integrado que tinha sido desenvolvido na Manutenção Total da Produção (TPM) (Bamber et al., 2000). Noutros aspectos, no Ocidente, o 5S tem uma utilização mínima e está associado a uma atividade de manutenção (Becker, 2001). Frequentemente utilizado em conjunto com o Kaizen e o pensamento lean, o sistema 5S foi desenvolvido após a Segunda Guerra Mundial como parte de um esforço nacional para melhorar a qualidade e a eficiência (Becker, 2001).

Muitas das práticas no Japão caracterizam-se por técnicas que têm uma parte de filosofia e outra parte, como a esgrima japonesa (que tem a sua origem no Kenjutsu) ou o judo (jujutsu), a arte japonesa de suavidade, flexibilidade e cedência, que é utilizada para treinar o corpo e a mente através da disciplina (Sugiura e Gillespiere, 2002).

O 5S é uma técnica de gestão do espaço de trabalho que surgiu no Japão como resultado da aplicação da cultura Kaizen (melhoria contínua na vida pessoal, social, familiar e profissional). O verdadeiro conceito dos 5S tem raízes filosóficas e sócio-históricas (Kobayashi, 2005). A abordagem 5S também se aplica na administração japonesa, que inclui tanto a filosofia de gestão como as técnicas de gestão (Gapp et al., 2008).

O 5S é uma técnica que é utilizada para estabelecer um ambiente de qualidade numa organização e também para manter esse ambiente de qualidade. (Khamis et al., 2009).

A aplicação da metodologia 5S numa empresa como prática Kaizen foi implementada pela primeira vez em 1980 por Takashi Osada (1989, 1991). Osada contribuiu para o facto de a necessidade de uma filosofia de melhoria contínua do comportamento profissional ser reforçada através da combinação de seiri (ordenar), seiton (pôr em ordem), seiso (dar brilho ou limpar), seiketsu (normalizar) e shitsuke (manter) no local de trabalho. O sistema de produção da Toyota (TPS) é um exemplo da aplicação da prática dos 5S (Monden, 2012).

Neste momento, o requisito de melhoria em diferentes organizações pode ser afetado pela diferente complexidade dos sistemas. Mais uma vez, é muito importante saber qual o método que nos pode ajudar a iniciar o processo de melhoria contínua, a fim de alcançar a segurança e o aumento da produtividade do local de trabalho através do conhecimento e da participação do pessoal. É por isso que estas metodologias universitárias se centram nas ferramentas necessárias para o desenvolvimento de futuros profissionais, especialmente engenheiros (Sheppard et al., 2008), e não há dúvida de que uma das melhores formas de compreender plenamente uma metodologia é a utilização rotineira dos 5S.

1.3 Classificação dos conceitos de Kaizen

No Japão, o conceito de Kaizen foi reconhecido sob várias terminologias.

Fundamentalmente, o Kaizen pode ser designado e referido como Just-In-Time, produtividade, melhoria da produtividade, Kanban, desenvolvimento de produtos, melhoria da qualidade, CQ Círculo, sistemas de sugestões, TQC (Controlo de Qualidade Total), TPM (Manutenção Produtiva Total) e ZD (Zero Defeitos) (Imai, 1986; Lillrank & Kano, 1989). Embora todas as terminologias mencionadas expliquem a ideia de Kaizen, podem ser sistematicamente classificadas em quatro categorias principais, de acordo com as suas características. As quatro categorias são: 1) a categoria do objetivo do Kaizen, 2) a categoria do resultado do Kaizen, 3) a categoria da função principal do Kaizen e 4) a categoria da extensão do Kaizen. A análise pormenorizada destas categorias de Kaizen foi apresentada da seguinte forma.

1.3.1 A categoria de objectivos do Kaizen

O conceito de produtividade pertence a este grupo. O objetivo da produtividade pode ser visto da mesma forma que o objetivo do Kaizen. Ambos os conceitos pretendem melhorar a utilização dos recursos e dos factores de produção de forma eficiente. Mas o Kaizen centra-se mais no desenvolvimento da utilização do processo de produção numa organização.

1.3.2 A categoria de resultados do Kaizen

O "Just- In- Time" e o "sistema Kanban" são classificados dentro deste grupo. Os conceitos de Just-In- Time e o sistema Kanban podem ser vistos como os resultados da implementação do Kaizen ou Melhoria Contínua. Ao praticar as etapas científicas de resolução de problemas, a Toyota Corporation conseguiu desenvolver com êxito o famoso sistema Just- In- Time (JIT) e o sistema Kanban para resolver os problemas de stocks enormes.

1.3.3 A principal categoria de funções do Kaizen

Os conceitos de Círculo de Controlo de Qualidade (CCQ) e o sistema de folha de sugestões pertencem a este grupo. A partir da definição de Kaizen dada por Imai (1986), o

O Círculo de Controlo de Qualidade é o veículo que pode convocar a intenção e a participação de todos os níveis de empregados, desde a gestão de topo, gestores, supervisores, até aos trabalhadores de chão de fábrica. O conceito Kaizen utiliza as características de cooperação do Círculo de Controlo de Qualidade para recolher sugestões sobre o processo de trabalho. Para além disso, o conceito Kaizen também aplica o sistema de folha de sugestões para ajudar os trabalhadores do chão de fábrica a ter a ideia e o formato do quadro para sugerir aos gestores da empresa questões relacionadas com o desenvolvimento do trabalho. As sugestões de melhoria, que resultam deste processo, podem enquadrar-se na definição de Kaizen, que dá ênfase à "Melhoria Contínua".

1.3.4 A categoria de extensão do Kaizen

Os conceitos de Manutenção Produtiva Total (TPM), Zero Defeitos (ZD), Controlo da Qualidade Total (TQC), Seis Sigma e Gestão da Qualidade Total (TQM) foram incluídos neste grupo. Este grupo pode ser visto como a categoria de ferramentas de gestão da qualidade que utilizam o conceito de Kaizen como conhecimento fundamental para atingir um nível mais elevado de melhoria da qualidade. De um modo geral, dentro deste grupo, existem dois tipos de subgrupos. O primeiro subgrupo é constituído pelos conceitos que utilizam o Kaizen como base e se centram mais especificamente numa área específica, como os conceitos de Manutenção Produtiva Total (TPM) e Zero Defeitos (ZD). O TPM centra-se mais na atividade de manutenção do equipamento, enquanto o ZD se centra mais especificamente na questão de um produto com zero defeitos durante a produção. O segundo subgrupo inclui os conceitos que combinam o Kaizen com outros conceitos para construir controlos de qualidade mais amplos. Os exemplos dos conceitos deste subgrupo são o Controlo da Qualidade Total (TQC), o Six Sigma e a Gestão da Qualidade Total (TQM). Tanto o TQC como o TQM utilizaram o conceito de Kaizen como conhecimento de base para o combinar com outras ferramentas e construir ideias mais completas e eficazes para atingir o objetivo de controlo da qualidade. Para o conceito de Seis Sigma, o conceito de Kaizen é utilizado para encontrar os problemas de trabalho tanto dos trabalhadores internos da fábrica como dos clientes externos da empresa.

1.4 História do Kaizen

Por volta dos anos 50, a Toyota implementou a técnica dos círculos de qualidade na sequência do desenvolvimento do "Sistema de Produção Toyota" único da Toyota. O Sistema Toyota é um exemplo de cultura Kaizen em que a tecnologia, todos os processos de fabrico, a produtividade e a segurança da empresa se baseiam em técnicas de melhoria contínua.

Os resultados das técnicas de melhoramento contínuo permitem uma aproximação à satisfação do cliente, que é a consequência de custos mais baixos, menor tempo de execução, ambiente limpo para os trabalhadores da empresa e entrega mais rápida ao cliente. (Da terminologia do sistema de produção da Toyota no sítio Web da fábrica de Georgetown, em novembro de 2003: "Kaizen, ou melhoria contínua, é a marca registada do Sistema de Produção da Toyota. Os principais objectivos são identificar os "Muda" ou desperdícios e eliminá-los em todas as áreas, incluindo o processo de produção. O "Kaizen" também luta e faz grandes esforços para garantir a qualidade e a segurança. O principal objetivo é tornar a tarefa mais fácil e mais simples de executar, reestruturando os processos para acomodar as exigências físicas dos membros da equipa, aumentando a velocidade e a eficiência dos processos de trabalho, mantendo um ambiente de trabalho seguro e melhorando constantemente a qualidade do produto").

A história do Kaizen é tão antiga como a Segunda Guerra Mundial. Após a guerra mundial, a procura de produção aumentou rapidamente, o que enfatizou o conceito Kaizen. Nos anos 50, a palavra Kaizen tornou-se popular nas notícias. Mas a principal contribuição do Kaizen é de Masaaki Imai, um teórico do Japão. Em 1986, Masaaki Imai introduziu o termo japonês Kaizen nos países ocidentais e tornou-o famoso com a introdução do seu livro, "Kaizen - The Key to Japan's Competitive Success". Este livro foi traduzido para catorze línguas e tornou-se famoso em todo o mundo.

Em 1997, Imai também deu uma ideia sobre uma forma evoluída de Kaizen no livro "Gemba Kaizen:

A Commonsense, Low Cost Approach to Management" para dar a importância do chão de fábrica na melhoria contínua da empresa. Na sua essência, isto traduz-se numa espécie de filosofia empresarial de "regresso ao essencial". Gemba é o local na indústria onde o produto é efetivamente fabricado, ou seja, a linha de montagem numa fábrica ou o local onde os trabalhadores da empresa lidam com os clientes no sector dos serviços. É o local onde o trabalho é efetivamente realizado. Ele contribuiu com a ideia deste conceito como a melhoria no local efetivo da indústria. Posteriormente, o conceito de Kaizen passou a ter também importância na gestão da qualidade.

Da Era da Reconstrução à Era Atual

O conceito de técnicas de fabrico racional foi iniciado no período de reconstrução. Foi o período após o fim da Segunda Guerra Mundial. Os seus pormenores foram apresentados da seguinte forma.

A história deste período começou com as políticas do Governo, as acções das Associações Industriais e as estratégias dos Sectores Privados. Uma vez que neste período o Japão foi ocupado pelo Comandante Supremo das Forças Aliadas - SCAP, esta investigação apresentou a história do desenvolvimento concetual do Kaizen e do Controlo de Qualidade em duas partes. A primeira parte abordou as acções do SCAP, enquanto a segunda falou das políticas do governo japonês. Os detalhes da história do SCAP e do governo japonês sobre a melhoria do Kaizen e do Controlo de Qualidade foram apresentados da seguinte forma:

Após a Segunda Guerra Mundial, o Japão rendeu-se às potências aliadas e foi ocupado por estas, lideradas pelos Estados Unidos. No final de 1945, segundo Hopper (2007), o General Douglas MacArthur (Comandante Supremo das Potências Aliadas - SCAP) foi encarregado pelo Presidente norte-americano Harry Truman de iniciar o processo de reconstrução pós-guerra no Japão. Uma das secções do SCAP era a Secção de Comunicações Civis (CCS), que tinha uma divisão industrial responsável pelo aconselhamento e pelo comité de trabalho da indústria japonesa.

Durante a ocupação do SCAP, muitos académicos do Controlo de Qualidade foram convidados a ir ao Japão para ajudar o General MacArthur nas tarefas de reconstrução. Entre eles, Homer Sarasohn foi evidentemente o primeiro a contribuir para o grande sucesso das actividades japonesas de Controlo de Qualidade. De acordo com Fisher (2009: 277), Homer Sarasohn era um engenheiro de rádio americano. Durante a Segunda Guerra Mundial, combateu com os 161st Airborne Engineers, até receber uma dispensa médica por volta do Natal de 1943. Começou a trabalhar no Projeto Cadillac com RADAR no Massachusetts Institute of Technology (MIT), tendo depois utilizado os seus conhecimentos para o fabrico de transístores de micro-ondas. As suas responsabilidades incluíam a inclusão efectiva do protótipo ao produto, tendo sido convocado para o Japão em abril de 1946. De acordo com Fisher (2009: 278), Sarasohn foi inicialmente incumbido de ajudar o SCAP a dissolver as forças militares japonesas e a abolir os poderes dos Zaibatsu japoneses - os cartéis industriais que tinham apoiado as aventuras de guerra dos militares. Algumas das suas outras tarefas relacionavam-se com as mudanças estruturais sociais, desde os direitos humanos das mulheres e das crianças ao desenvolvimento de ideias democráticas através da melhoria da educação e da libertação das prisões políticas. Sarasohn utilizou o desenvolvimento de meios de comunicação para o SCAP e utilizou-os para enviar as suas mensagens ao público. Inicialmente, Sarasohn confrontou-se com o problema da falta de equipamentos de comunicação produzidos no Japão. Para a construção eficaz do sistema de comunicação, eram importantes componentes como interruptores eléctricos, instrumentos telefónicos, cabos, tubos de vácuo, relés electrónicos e transformadores. Mas as empresas que tinham fabricado estes produtos estavam agora, na sua maioria, fora de atividade. As suas fábricas encontravam-se numa fase vulnerável. Os seus trabalhadores deixaram o emprego e foram para o serviço militar ou quase desapareceram. É a época da desindustrialização, em que é difícil encontrar máquinas-ferramentas nas lojas. Toda a classe de gestores de topo foi despedida nas purgas do Zaibatsu.

De acordo com Fisher (2009: 279), Sarasohn referiu-se à sua experiência dizendo que. "Não foi fácil chegar a este ponto. Havia problemas físicos e problemas culturais. Entre os problemas físicos mais prementes estavam estes. Os vários locais da fábrica tinham de ser limpos de escombros para que pudessem ser construídas barracas para a produção, os trabalhadores, a maquinaria. A maquinaria deve ser instalada, reparada e reposta em condições de funcionamento. Era necessário contratar mais trabalhadores e dar-lhes formação. A matéria-prima foi trazida e fornecida em vários locais. Foram escolhidos aleatoriamente supervisores e gestores para trabalharem no local. Os supervisores e gestores recém-escolhidos eram estranhos ao seu trabalho e tinham pouca ou nenhuma experiência. Se falarmos de cargos anteriores, eles estavam de um lado e os trabalhadores do outro. Não eram planeadores de negócios. Não eram líderes nem tomadores de decisões. Estavam habituados a seguir ordens devido às suas funções anteriores. Tinham poucos conhecimentos de política industrial ou de estratégia de planeamento industrial. Sentiam-se desconfortáveis e tinham falta de confiança, não estavam satisfeitos com a posição em que tinham sido colocados. Em vez de um planeamento semanal ou mensal, foram-lhes dadas instruções sobre o trabalho diário, mas isso não é proveitoso para o sistema de produção em massa. O mesmo aconteceu com a CCS. O problema é resolvido através do planeamento. A atribuição de produtos era feita aos trabalhadores. Os supervisores foram orientados e receberam assistência, e vários programas de formação profissional foram recrutados em todos os locais. Os produtos do mercado japonês antes da guerra não eram de alta qualidade. Na verdade, se os clientes vissem o selo "Made in Japan", recusavam-se a comprar o produto porque era um símbolo de baixo grau de fiabilidade. O mesmo acontecia com a produção japonesa em tempo de guerra. Koji Kobayashi, que se tornou diretor executivo da Nippon Denki, escreveu num artigo publicado na revista Quality Progress de abril de 1986. Durante a guerra, a NEC produziu equipamentos de comunicação relacionados com o sector militar. Mas aqui o problema é o mesmo, a qualidade não era boa. De acordo com Koji Kobayashi, ele lembrava-se que o rendimento dos tubos de vácuo para aviões era de um por cento. Kobayashi e a sua equipa começaram a estudar e a preparar o projeto de estudo, tendo também tomado medidas para melhorar a qualidade. Os problemas de qualidade são, antes de mais, problemas de gestão. Que melhor prova disso é necessária do que a declaração de Kobayashi? Se os dirigentes de uma empresa não souberem e não compreenderem que a qualidade é a essência da sua atividade, é inevitável que estejam condenados ao fracasso. E, se não conhecerem os elementos que compõem o sistema de qualidade, o seu destino de fracasso está selado.

O controlo da qualidade não pode ser considerado como um auxílio. Não pode transformar um mau sistema num bom sistema. Não é uma terapia, mas pode ser aplicado como um controlo eficaz a uma função mal gerida, mas isto é aplicado com um bom começo. Em 1946, tinha-se começado a restaurar a indústria de fabrico de equipamento de comunicações. Mas nessa altura não era fácil atingir esse objetivo. As instalações de produção eram primitivas e quase não eram fiáveis. O ambiente de trabalho era completamente inaceitável. A matéria-prima era tão cara que o desperdício era inaceitável, mas o desperdício era tão elevado que era intolerável. O ambiente estava contaminado com pó e sujidade. Neste ambiente, a qualidade do produto não pode ser melhorada.

Em maio de 1946, dois meses após a chegada de Sarasohn ao Japão, foi criada a União dos Cientistas e Engenheiros Japoneses (JUSE), cujo presidente fundador foi Ichiro Ishikawa. Mais tarde, em 1947, Deming visitou o Japão para ajudar a estabelecer os fundamentos da estatística e da medição científica. De acordo com Fisher (2009: 281), existem registos de Deming na Divisão de Manuscritos da Biblioteca do Congresso (the International File, 1930- 1992, n.d.). Estes registos relatam que, em 1947, Deming visitou o Japão como consultor estatístico do Comando Supremo das Potências Aliadas (SCAP).

Fisher (2009: 281) encontrou um apoio numa carta de Sarasohn para compreender a demografia local relativamente à distribuição de alimentos, estatísticas de saúde, serviços sociais, etc. Deming pode também ter estado a planear parte de uma viagem pelo mundo que incluía também uma visita à Índia em dezembro de 1946 e janeiro de 1947. Consta que Deming deu uma palestra sobre amostragem no Instituto de Estatística e Matemática de Tóquio, em março de 1947. Em novembro de 1948, Charles Protzman chegou ao Japão para se juntar à CCS.

Segundo Hopper (1982: 15, 19), depois de ter entrado para a Western Electric em 1922, Protzman tinha subido de nível na gestão da produção antes de ser destacado para a SCAP como conselheiro civil da indústria de comunicações japonesa. Antes de deixar os Estados Unidos, Protzman tinha recebido instruções de que, utilizando os seus grandes conhecimentos de fabrico,

uma das suas principais funções seria ajudar a melhorar a qualidade. Depois de partir para o Japão, disse que, nalguns casos, tinham sido obtidos bons resultados em termos de qualidade. Mas estava muito longe dos padrões assumidos. De acordo com Hopper (1982: 15, 19), Protzman O Sr. Hahn, que tinha sido o primeiro a falar com os japoneses, disse que sabia que o seu trabalho era aconselhar os japoneses a reconstruir o seu sistema de comunicações, mas que o problema era que eles não compreendiam nem aplicavam os sistemas e as rotinas de gestão da produção que ele tinha aconselhado. Um mês depois de ter chegado ao Japão, concluí que, em vez de tentar corrigir cada empresa individualmente, deveríamos apresentar um conjunto de seminários sobre os princípios da gestão industrial para os quadros superiores das empresas. Recomendei-o e Sarasohn concordou. "

Hopper (1982) assume que houve resistência a este projeto por parte do superior hierárquico imediato, pelo que o trabalho preparatório foi feito de forma discreta. No entanto, este superior foi substituído por Frank Polkinghorn, que o apoiou muito mais, e puderam avançar. A quantidade de fabrico e a qualidade da produção podem ser afectadas. A segunda medida tomada no final de 1949 visava melhorar e alargar a qualidade da gestão. Até então, os gestores de nível júnior tinham sido empurrados para posições de nível superior. Responderam admiravelmente ao desafio. Estavam a tornar-se cada vez mais eficazes. Para se ter uma ideia mais exacta do âmbito e do conteúdo dessa sessão, é essencial uma investigação detalhada de seis empresas típicas do sector das comunicações.

1.4.1 Atividade Kaizen na Era da Reconstrução

A atividade Kaizen não pôde ser obviamente notada neste período. No entanto, a estrutura fundamental do desenvolvimento do Kaizen foi construída e bem fornecida neste período de Reconstrução. O SCAP transmitiu às indústrias japonesas o conhecimento do controlo estatístico da qualidade e da mentalidade orientada para a qualidade, através de muitos seminários organizados por famosos profissionais americanos, como Sarasohn, Deming, etc. Para além dos esforços do lado americano, o governo japonês também contribuiu para o desenvolvimento do Kaizen, aumentando os conhecimentos e as competências dos trabalhadores através da rápida construção de linhas de produção e do início da política de reengenharia. Além disso, com a ajuda das associações industriais, como a JQC JUCE e outras, também reforçou a dinâmica do quadro sistemático de execução das tarefas nas indústrias. Mais tarde, muitas empresas privadas começaram a criar novas formas de produção e a ajustar os processos existentes para aumentar a produtividade. Algumas formas de práticas Kaizen, como o conceito de Just- In- Time, foram desenvolvidas neste período.

Esta secção forneceu ao leitor a história do desenvolvimento do Kaizen no período de reconstrução. Depois de o leitor ter uma compreensão clara do Kaizen neste período, a investigação gostaria de avançar com a discussão para a próxima secção sobre a história do desenvolvimento do Kaizen e do Controlo de Qualidade no período de crescimento rápido.

1.4.2 Atividade Kaizen na Era do Crescimento Rápido

Neste período, o governo japonês ainda desempenhava um papel importante no desenvolvimento da competitividade industrial (juntamente com a ideia de liberalização) e da capacidade de produção. O desenvolvimento do Kaizen teve um impacto indireto benéfico através do conhecimento acumulado pelos trabalhadores de chão de fábrica durante o trabalho real. As associações, neste período de crescimento rápido, começaram a tornar-se o centro das indústrias e ajudaram as empresas a comunicar as suas necessidades e problemas ao governo. A Melhoria Contínua neste período foi incubada principalmente dentro das indústrias. A Toyota e outros seguidores da filosofia de CQ foram os casos das empresas que desenvolveram o Círculo de CQ, que é o principal veículo de implementação do Kaizen, e começaram a tirar partido das contribuições do Kaizen através do processo de suspensão dos seus modos de produção.

Esta secção forneceu ao leitor a história do desenvolvimento do Kaizen no período de crescimento rápido. Depois de o leitor ter uma compreensão clara do Kaizen neste período, a investigação gostaria de passar à secção seguinte sobre a história do desenvolvimento do Kaizen e do Controlo de Qualidade no período da crise petrolífera

1.4.3 Atividade Kaizen na era da crise do petróleo

O governo japonês não tinha uma política direta para promover a Melhoria Contínua durante este período de Crise Petrolífera; no entanto, ajudou significativamente as indústrias ao iniciar a política de atualização das competências dos trabalhadores japoneses. Estas competências melhoradas poderiam ajudar as indústrias a lançar o conceito de Kaizen mais tarde. Neste período, as associações industriais actuaram eficazmente como centro de conhecimento para promover as melhores práticas de implementação do Kaizen. O caso da Toyota foi apresentado e muitas empresas japonesas concordaram em imitá-lo para acelerar a sua Melhoria Contínua. Alguns académicos (Levitan e Werneke, 1984: 47) mencionaram que, durante este período, a participação do chão de fábrica assumiu uma forma mais concreta no Japão do que no resto do mundo.

Estados Unidos. Adaptados das ideias de um cientista americano, o Dr. Deming, os Círculos de Controlo de Qualidade proliferaram no Japão. Estes círculos envolvem, de uma forma ou de outra, mais de um trabalhador em cada oito. Quando estes círculos são estabelecidos, a responsabilidade pelo controlo de qualidade é transferida para os trabalhadores, em termos de engenheiros com experiência limitada de chão de fábrica. Devido à criação destes círculos de controlo da qualidade, os trabalhadores japoneses estão mais dispostos a aceitar mudanças no sistema de produção do que os trabalhadores de ambientes em que os problemas são resolvidos com a ajuda da administração. (Levitan e Werneke, 1984: 47).Esta secção apresentou a história do desenvolvimento do Kaizen no período da crise do petróleo. Depois de o leitor ter uma compreensão clara do Kaizen neste período, a investigação gostaria de passar à discussão na secção seguinte sobre a história do desenvolvimento do Kaizen e do Controlo de Qualidade no período da bolha económica.

1.4.4 Atividade Kaizen na Era da Bolha Económica

O governo japonês não se envolveu significativamente durante este período, pelo que as associações industriais e os sectores privados foram os principais intervenientes no desenvolvimento do conceito Kaizen. As associações industriais e os institutos académicos continuaram a realizar pesquisas sobre gestão de processos e melhoria contínua. A ideia de Ishikawa foi um dos conceitos desenvolvidos durante este período. No sector privado, as actividades do Kaizen foram continuamente implementadas; mesmo muitas empresas enfrentaram experiências insatisfatórias durante a primeira implementação. Durante este período, houve relatos de que o Kaizen e os CCQ foram amplamente aplicados. Este facto deveu-se à estratégia "Eu também" que foi implementada de forma generalizada nas indústrias japonesas.

Esta secção apresentou ao leitor a história do desenvolvimento do Kaizen no período da bolha económica. Depois de o leitor ter uma compreensão clara do Kaizen neste período, a investigação gostaria de passar à secção seguinte sobre a história do desenvolvimento do Kaizen e do Controlo da Qualidade no período da década perdida.

1.4.5 Atividade Kaizen na Era da Década Perdida

O governo japonês não se envolveu significativamente durante este período. O desenvolvimento do Kaizen foi impulsionado principalmente pela associação industrial "JUSE" e por empresas privadas. Os novos conceitos de controlo da qualidade, sob a forma de certificados ISO e Six Sigma, foram importados para o Japão e começaram a ser amplamente aceites. No entanto, a importância da aplicação do Kaizen não foi ignorada porque o Kaizen é a ideia fundamental desses novos conceitos. Esta secção forneceu ao leitor a história do desenvolvimento do Kaizen no período da década perdida. Depois de o leitor ter uma compreensão clara do Kaizen neste período, a investigação gostaria de passar à secção seguinte, sobre a história do desenvolvimento do Kaizen e do Controlo da Qualidade no período atual.

1.4.6 Atividade Kaizen na Era Atual

O governo japonês não deu prioridade ao desenvolvimento do Kaizen/Melhoria Contínua neste período; no entanto, emitiu políticas que ajudaram indiretamente as empresas a desenvolver as competências dos seus trabalhadores, que são os factores-chave para uma participação adequada no CCQ. Durante este período, as associações começaram a assumir novas responsabilidades na procura de novos conhecimentos para a Melhoria Contínua, tanto em conferências nacionais como internacionais, enquanto o sector privado continuava a praticar ativamente os novos conceitos Kaizen, associados a outras ferramentas de Controlo de Qualidade importadas, como o Six Sigma.

Esta secção apresentou a história do desenvolvimento do Kaizen na era atual. Depois de o leitor ter uma compreensão clara do Kaizen neste período, a investigação gostaria de passar ao debate na secção seguinte, que resume a história do desenvolvimento do Kaizen e do Controlo da Qualidade no Japão.

1.5 Princípio do Kaizen

Na década de 1980, as técnicas de gestão centravam-se no envolvimento dos trabalhadores através de uma abordagem de trabalho em equipa e de comunicações interactivas entre os quadros superiores e inferiores, bem como na melhoria da conceção dos postos de trabalho, mas as empresas japonesas pareciam aplicar essas técnicas de forma mais eficaz do que as outras. Os japoneses utilizavam estes programas contínuos e chamavam-lhes "Kaizen". Kaizen significa melhoria contínua, envolvendo todos na organização, desde a direção de topo aos gestores, passando pelos supervisores e, por último, pelos trabalhadores. No Japão, o conceito de Kaizen está tão profundamente enraizado nas mentes dos gestores e dos trabalhadores que, muitas vezes, nem sequer se apercebem de que o Kaizen é uma estratégia de melhoria orientada para o cliente. Segundo Imai, esta filosofia parte do princípio de que o nosso modo de vida, a nossa vida profissional, a nossa vida doméstica ou a nossa vida social merece ser constantemente melhorada. Há muitas controvérsias na literatura, bem como na indústria, quanto ao significado de Kaizen. Kaizen é uma filosofia japonesa para a melhoria de processos que pode ser entendida em termos das palavras japonesas Kai e Zen, que se traduzem aproximadamente em separar e investigar e melhorar a situação existente. O Kaizen Institute define Kaizen como o termo japonês para melhoria contínua. É um senso comum e é simultaneamente um método rigoroso e científico que utiliza o controlo estatístico da qualidade e um quadro adaptativo de valores e crenças organizacionais que mantém os trabalhadores e a gestão concentrados em zero defeitos. É uma filosofia de nunca estar satisfeito com o que foi alcançado na semana passada ou no ano passado. A melhoria começa com a admissão de que todas as organizações têm problemas, que proporcionam oportunidades de mudança. A solução dos problemas passa pela melhoria contínua e depende, em grande medida, de equipas que trabalhem de forma transversal e que possam ser capacitadas para desafiar o status quo. A necessidade de Kaizen é que as pessoas que executam uma determinada tarefa, têm mais conhecimentos sobre essa tarefa; como resultado, ao envolvê-las e mostrar confiança nas suas capacidades, a propriedade do processo é elevada ao seu nível mais alto. Além disso, o esforço de equipa incentiva a inovação e a mudança e, ao envolver todos os níveis de funcionários, as paredes imaginárias da organização desaparecem para dar lugar a melhorias produtivas. Deste ponto de vista, o Kaizen não é apenas uma abordagem à competitividade da indústria transformadora, mas também um negócio de todos, porque o seu princípio depende da oficina: facilitar o trabalho das pessoas, desmontando-o, estudando-o e introduzindo melhorias.

1.6 Conceito da metodologia 5S

A metodologia 5S baseia-se em cinco termos japoneses que fornecem princípios de limpeza industrial. Estes termos japoneses, com as respectivas traduções em inglês, são: seiri (ordenar), seiton (pôr em ordem ou sistematizar), seiso (dar brilho), seikestu (normalizar) e shitsue (sustentar).

(1) **Seiri** (seleção). Trata-se de selecionar os artigos em categorias principais como artigos necessários e desnecessários. Remover todos os artigos desnecessários que não são necessários. Verificar todas as ferramentas, materiais e outros artigos na fábrica e no espaço de trabalho. Manter apenas os artigos necessários.

(2) **Seiton** (estabelecer uma ordem de fluxo). Trata-se de arrumar todos os objectos que estão etiquetados como necessários para a sala. Utilizar os utensílios onde estes estão guardados e voltar a colocá-los no devido lugar após a conclusão da tarefa.

(3) **Seiso** (brilho, limpeza). Isto proporciona condições óptimas para o ambiente de trabalho. Limpar regularmente o espaço de trabalho e todos os equipamentos, e remover toda a sujidade presente no local de trabalho. Deve ter-se em conta que a limpeza não deve ser efectuada no final do dia, mas sim a intervalos regulares.

(4) **Seiketsu** (normalização, controlo visual). Significa que todos os três "S" acima referidos devem ser seguidos de forma a serem tidos em conta no trabalho quotidiano. Através de sinais visuais, o operador pode distinguir as situações normais e anormais, o comportamento correto e o incorreto. Isto significa que tudo deve ser claramente identificado e rotulado. As situações normais e anómalas são distinguidas por regras visíveis e simples.

(5) **Shitsuke** (manter, disciplina e hábito). Tornar o hábito permanente. Significa .disciplina. A implementação efectiva exigiu o empenho de cada trabalhador para garantir os princípios dos 5s.

CAPÍTULO 2
Pesquisa bibliográfica

2.1 Revisão da literatura

Patel V.K. *et al*; 2014 aplicaram a metodologia 5s do fabrico optimizado para resolver os problemas da indústria cerâmica. Aplicam a metodologia 5s no departamento de armazenamento e o resultado é uma poupança de espaço de 12,91% dos pés quadrados no departamento de armazenamento.

Yukichi *et al*; 2014 deu a formação sobre os princípios básicos do kaizen aos trabalhadores das indústrias ligeiras de Kariobangi, resumindo as características de fundo dos sujeitos da experiência através da participação de vários empresários, juntando a pontuação do teste de características de fundo e a sua taxa de assiduidade. Na análise de regressão que explicou a taxa de assiduidade, a experiência de trabalho é a única variável que tem um coeficiente significativo no sector formal, exceto a implementação dos 5S. Os impactos estimados do seu programa de formação nas receitas das vendas são estatisticamente insignificantes, mas os lucros de valor acrescentado são economicamente fortes e significativos. Em contrapartida, os proprietários de empresas que receberam outra formação empresarial no passado tiveram receitas de vendas significativamente maiores, mas o seu valor acrescentado e os seus lucros não são significativamente diferentes das médias. Estes resultados apoiam a hipótese de que a formação KAIZEN aumenta o valor acrescentado e os lucros, reduzindo o desperdício de materiais e actividades. O programa de formação foi concluído através de um convite aos proprietários de empresas, no qual participaram 39 proprietários e a taxa média de participação foi de 94,9%, o que resultou num aumento das receitas das vendas e num valor acrescentado de 14,99 para 73,25 em três anos.

Mariano Jimenez *et al*; 2015 implementou a metodologia 5s em laboratórios da escola de engenharia da universidade, pesquisando as indústrias que têm metodologia 5s, resultados para transformar esses laboratórios em laboratórios industriais, adaptando as condições de segurança. A aplicação da metodologia 5S em organizações universitárias fornece uma base para criar uma cultura organizacional e começar a trabalhar com critérios de melhoria contínua. Isto aplica-se tanto nos processos relacionados com a aprendizagem dos alunos, como nas actividades lectivas e não lectivas.

A nova cultura resultou numa melhoria do ambiente de trabalho e num aumento da motivação do pessoal envolvido.

Chantal Baril *et al*; 2016 reduz em 45% o tempo de espera dos doentes num hospital através de um evento de simulação discreta. Um evento de simulação discreta é um evento em que várias melhorias são efectuadas num intervalo ou num momento preciso. Após a implementação do Kaizen, é aplicada a técnica do evento de simulação discreta. O Kaizen e o evento de simulação discreta são implementados em paralelo.

B. Junker *et al*; 2010 aplicaram a técnica Kaizen a várias culturas nos departamentos. O principal motivo é reduzir o tempo de espera para acomodar mais entregas por ano. Várias melhorias na cultura de síntese celular, ou seja, adoção de tecnologia de plataforma, partilha de informações. A principal área da abordagem Kaizen é a purificação de proteínas. O impacto do Kaizen foi de 110 em 10 meses no período pré-Kaizen e de 114 em 8 meses no período pós-Kaizen.

Yuki Higuchi *et al*; 2014 realizaram uma experiência com PME em dois clusters industriais perto do Vietname. As várias empresas da zona do agrupamento são chamadas a participar na formação. Foi realizado um inquérito de base a duas indústrias. O impacto total da formação após 3 anos de programa é calculado por análise estatística e é calculada a pontuação do impacto.

Liuxing Tso *et al*; 2015 observou que as indústrias chinesas têm a sua própria cultura. Os chineses adoptaram a ideia de cultura Kaizen, mas os trabalhadores não se sentem bem por se tratar de uma ideia de cultura cruzada. Um princípio de três fases Ativador Comportamento Consequência em que, em primeiro lugar, a mente do trabalhador é alterada para adotar a nova tecnologia, fornecendo-lhe novos gráficos. O comportamento em relação ao kaizen é testado e o resultado foi obtido através do teste ANOVA por análise estatística. Como o Kaizen é uma metodologia sensível, o comportamento em relação a esta abordagem é alterado.

Sanjiv Kumar Jain *et al*; 2014 analisaram as regras 5s e kaizen em organizações de fabrico de pequena escala. Concluíram as mudanças após a implementação do 5s e do Kaizen, aumentando a eficácia e a eficiência do processo, melhorando a segurança e reduzindo os atrasos. A principal preocupação do documento é saber se a indústria é micro, pequena, média ou grande.

Arshdeep Singh *et al*; 2015 reviu as categorias da classificação 5s adaptadas por M.O. e analisou a questão importante relativa ao programa 5s

i. Barreiras e factores de sucesso na implementação do 5s

ii. Relação do 5s com a iniciativa de fabrico de pêras

iii. Quadro dos 5s. Concluíram os factores de sucesso para a eliminação de barreiras na implementação bem sucedida dos 5s.

Grovam *et al*; 2013 analisou o problema da implementação sustentável do 5s e apresenta o modelo ADKAR (Awareness, Desire, Knowledge, Ability, Reinforcement) com a cultura 5s. Estes encargos são implementados juntamente com o 5s na organização. Isto melhora a eficiência e a produção do laboratório industrial.

Eileeen Julieth *et al;* 2015 concluiu o impacto dos factores 5s nas PME's através da visualização da área das indústrias de pequena escala. A área foi identificada com pesquisas, medidas de desempenho e implementação do 5s foi realizada. O resultado mostra o efeito sobre a importância do clima da organização e os riscos são diminuídos.

Sevtap Endogen; 2015 mediu a eficácia da abordagem Kaizen e aplicou-a à indústria de produtos de madeira. Foi realizado um inquérito e uma entrevista com o pessoal de cada empresa e desenvolvida uma ferramenta para medir a eficácia dos eventos Kaizen. Estatisticamente, foram analisados os factores de motivação relacionados com os custos, a qualidade e as barreiras relacionadas com o tempo, o dinheiro e a gestão.

Midiala Oropesa Vento *et al*; 2015 analisaram o efeito do compromisso da gestão e da organização das equipas de trabalho nos benefícios da implementação do Kaizen nas empresas industriais durante as fases de planeamento. Foram aplicados 200 questionários a 68 empresas distribuídas no México e a tecnologia de mínimos quadrados parciais é usada para equações estruturais para concluir os impactos do lucro e o impacto positivo do fator de sucesso do Kaizen e 5s.

Shaman Gupta *et al*; 2015 utilizou a ferramenta 5s como uma abordagem simples para a organização de fabrico em pequena escala se tornar produtiva e mais eficiente. Foram utilizados quatro métodos de recolha de dados para garantir a implementação correcta do 5s. O tempo de procura de ferramentas no chão de fábrica foi reduzido de 30 para 5 minutos. A pontuação da auditoria 5s aumentou de 7 (semana 1) para 55 (semana 20).

Rajesh Gautam *et al;* 2012 implementaram técnicas Kaizen em oficinas de linha de montagem na Índia a diferentes níveis de fabrico e montagem. Os factores como a distribuição e o marketing foram motivados de modo a resolver problemas como a escassez de abastecimento. O resultado da implementação foi a redução do custo global e o aumento da qualidade.

V.K.B Singh *et al;* 2014 implementaram a técnica de Kaizen numa indústria de trabalho. O principal objetivo é a polivalência da mão de obra e não o número de trabalhadores. Através de ferramentas de engenharia da indústria, os pontos de nível de competências são recolhidos (125 pontos). O nível de trabalho é verificado. O resultado foi o aumento do nível de competências dos trabalhadores e a diminuição da carga do supervisor.

M.D Singh *et al;* 2015 utilizou ferramentas de produção enxuta como 5s, Kaizen numa indústria de fabrico de tubos. O principal objetivo é reduzir a anormalidade na organização, utilizando a comunicação dos parâmetros do processo para aumentar a informação, a ergonomia como controlo da máquina, corrigindo o desperdício de movimento e tempo, planeando técnicas de manuseamento de materiais, obtendo-se o desempenho. Esta implementação diminuiu o tempo de pesquisa em 6-8 minutos e poupou o custo das lâminas em 1200-3600/mês. Além disso, a qualidade dos utilizadores é melhorada.

Abhijit *et al ;*2013 estudaram a compreensão do Kaizen no caso de empresas médias (Índia, Coreia, Japão). O principal objetivo é melhorar os padrões das empresas. Ao analisar os parâmetros do processo, como a eficiência da produção, o custo da produção, a capacidade de rotação, etc., a produção foi melhorada de 200 eixos por turno para 210 eixos por turno, reduzindo o número de operações em 15. Concluiu-se que existe um efeito de aumento do nível de satisfação do cliente nas médias empresas.

V.B.B Singh *et al;* 2014 preparou uma lista de inconvenientes do Kaizen com filosofias indianas. O principal objetivo é misturar técnicas tradicionais e científicas. Concluíram que a fusão do Kaizen com as escrituras indianas é muito eficaz e eficiente.

Aruba Zubedi *et al;* 2014 analisaram, através de um inquérito a 5 empresas farmacêuticas, a aplicação de ferramentas de gestão optimizada na indústria farmacêutica indiana (JIT, 5S, Kaizen, TPM). O resultado é que o Kaizen, o JIT e o TPM são efetivamente implementados, o que aumenta a produtividade, mas o 5S não é bem adotado. A hipótese alternativa foi aceite com um nível de confiança de 95%.

Hazri M. Rusli *et al*; 2014 implementaram um projeto de produção optimizada numa empresa de componentes automóveis. Ao definirem os objectivos da gestão de topo para a gestão de base, utilizaram a abordagem Kaizen do fornecedor para implementar a tecnologia de produção optimizada. Verificou-se uma grande melhoria nos resultados como o tempo de espera (50%), o espaço de produção (42%), o stock WIP (37%).

2.2 Lacunas de investigação na literatura

A produção de produtos e serviços de alta qualidade continua a ser um fator e um elemento-chave de uma indústria. A concorrência no mercado leva a indústria a aumentar a produtividade através de melhorias. No entanto, a implementação integral com a cooperação de cada trabalhador não é adoptada. Embora os eventos Kaizen tenham vindo a ganhar popularidade desde meados da década de 1990, não existe uma aplicação sistemática da metodologia Kaizen. Na indústria indiana, o conceito estrangeiro ou os termos estrangeiros relacionados com o Kaizen são também uma limitação deste conceito.

CAPÍTULO 3
Conceção do estudo

3.1 Necessidade de estudo

Sabemos que o Kaizen é uma técnica de fabrico simples para eliminar o desperdício. Na maior parte dos países, devido à capitalização da economia, a concorrência no mercado é cada vez maior, o que leva a uma maior atenção à satisfação do cliente. No contexto indiano, estas técnicas japonesas têm consequências valiosas. Por isso, é importante saber como estas técnicas estrangeiras afectam a cultura indiana. Também é necessário estudar a eficácia do Kaizen e do 5S nas indústrias da região de Punjab.

3.2 Objectivos

- Elaboração de componentes 5S na indústria transformadora
- Análise de várias questões relacionadas com o Kaizen
- Avaliar os benefícios da implementação do Kaizen e dos 5S
- Identificar os factores críticos de sucesso na implementação do Kaizen e dos 5S
- Identificar factores de barreira na implementação do Kaizen e dos 5S
- Análise do impacto do 5S e do Kaizen no sucesso das indústrias transformadoras

3.3 Âmbito de aplicação

A presente investigação será realizada em pequenas e médias empresas da região do Punjab. A presente investigação centrou-se na avaliação das iniciativas de implementação do Kaizen e dos 5S nas indústrias, a fim de explicar a abordagem, os benefícios alcançados, os factores críticos de sucesso e as dificuldades sentidas na implementação do Kaizen e dos 5S.

3.4 Metodologia

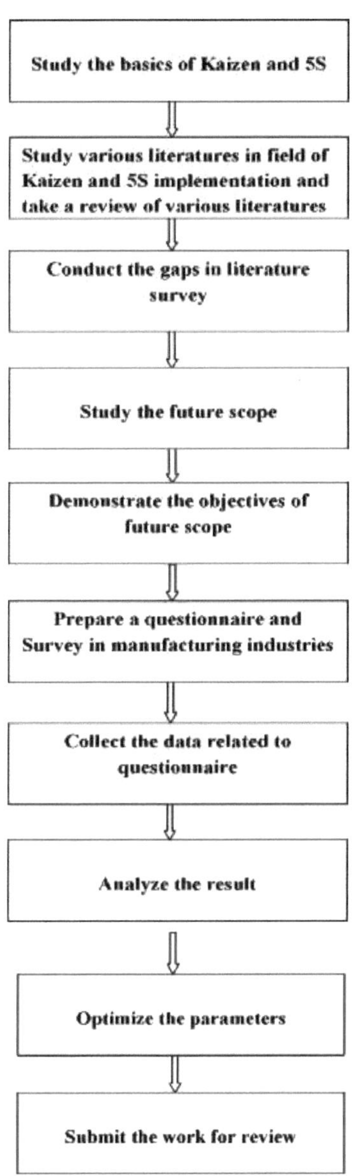

CAPÍTULO 4
ANÁLISE DE DADOS

4.1 Introdução

O capítulo demonstra as conclusões inferidas a partir dos dados recolhidos no questionário construído, tal como discutido no capítulo anterior. Este capítulo aborda o objetivo desejado do estudo de investigação de uma forma analítica, com a aplicação adequada das ferramentas estatísticas e de análise. A análise dos dados recolhidos foi efectuada no software PASW STATISTICS 18. As ferramentas estatísticas utilizadas no capítulo foram, *tabela de distribuição de frequências, correlação de Karl Pearson, modelo de regressão múltipla.* A classificação do capítulo, com base na análise efectuada em função dos objectivos do estudo de investigação, foi a seguinte

4.2 Fiabilidade: *Análise da fiabilidade do questionário com base no alfa de Croanbach*

Nesta secção, mediu-se a consistência interna do questionário. O alfa de Croanbach é uma medida de consistência interna, ou seja, a proximidade entre um conjunto de itens e um grupo. Os índices alfa de Croanbach foram avaliados para o *questionário global.*

Quanto mais elevada for a pontuação, mais fiável é a escala criada. (Nunnaly, 1978) indicou 0,7 como sendo um coeficiente de fiabilidade aceitável, mas na literatura são por vezes utilizados limiares mais baixos. Neste caso, o valor do alfa de Croanbach para o questionário global é de 0,826, o que mostra que o questionário é altamente fiável.

Quadro 4.1 Alfa de Croanbach do questionário

	Alfa de Croanbach
Questionário	0.826

4.3 ANÁLISE DA RESPOSTA

Os inquiridos foram avaliados em relação a várias afirmações baseadas em diferentes parâmetros. Os dados foram recolhidos dos inquiridos numa escala de quatro pontos relativamente à implementação de várias questões, ou seja, de modo algum, em certa *medida, razoavelmente bem* e *em grande medida.* Os quadros seguintes apresentam a distribuição das respostas em percentagem obtidas dos inquiridos em todas as afirmações

Quadro 4.2 Análise de resposta de todos os parâmetros

S. Não	**FACTORES**	**N.º de Empresas Pontuação de pontos**				**Nº total de respostas (N)**	**Total Pontos Pontuação (TPS) ****	**Percentagem Pontos ScorRee (PPS)** *TPS . NN* ----- 100 4* *N*
		A	**B**	**C**	**D**			
		1	**2**	**3**	**4**			
1	Q1 Se a tecnologia 5S e Kaizent é implementado no seu organização?	3	9	26	14	52	155	74.51923
2	Q2 Se os princípios 5S e Kaizen e são utilizadas na organização?	5	10	18	19	52	155	74.51923
3	Q3Qual a A organização promove a aplicação de 5S e Kaizen?	2	12	16	22	52	162	77.88462

4	Q4Whethertools , os equipamentos e materiais são geridos de forma a garantir um fluxo regular?	3	8	23	18	52	160	76.92308
5	Q5Qual é o seu organizaç ãofornece formação sobre 5S e Kaizen?	5	9	14	24	52	161	77.40385
6	Q6 Sente que os trabalhadores respeitam o 5S e o kaizen?	4	8	25	15	52	155	74.51923
7	Q7 Os 5S melhoraram a cooperação entre os trabalhadores?	7	6	20	19	52	155	74.51923
8	Q8 A relação entre a direção e os trabalhadores melhorou devido aos 5S e ao Kaizen?	9	9	15	19	52	148	71.15385
9	Q9O seu organizaçãoe ficazmente comunicar com empregado"?	8	4	16	24	52	160	76.92308
10	Q10 O 5S contribuiu de forma notável para um ambiente seguro e saudável? ambiente?	3	6	18	25	52	169	81.25
11	Q11 Os empregados receberam formação para se identificarem através da sua organização?	2	8	24	18	52	162	77.88462
12	Q12 Os 5S melhoraram a qualidade da sua produto/serviço?	6	15	15	16	52	145	69.71154
13	Q13 Os trabalhadores consideram que o 5S acrescenta valor aos clientes internos?	10	6	16	20	52	150	72.11538
14	Q14 Os trabalhadores consideram que os 5S acrescentam valor para os clientes externos?	4	11	22	15	52	152	73.07692
15	Q15 A triagem é efectuada em todas as áreas de trabalho?	8	13	15	16	52	143	68.75

16	Q16 A triagem é efectuada em todas as áreas de escritórios e laboratórios?	4	8	17	23	52	163	78.36538
17	Q17Triagem efectuada	1	10	21	20	52	164	78.84615
	fora do edifício?							
18	Q18 O endireitamento é feito para corredores e passagens?	3	8	24	17	52	159	76.44231
19	Q19 O endireitamento é efectuado para os materiais armazenados em produção?	3	11	16	22	52	161	77.40385
20	Q20 O endireitamento é efectuado em áreas de armazenamento para equipamento (chão de fábrica e escritório) e ferramentas manuais?	5	7	24	16	52	155	74.51923
21	Q21 O endireitamento é efectuado em armazéns e outros áreas de armazenamento?	7	9	18	18	52	151	72.59615
22	Q22 É efectuada uma limpeza suficiente no edifício?	8	10	19	15	52	145	69.71154
23	Q23 É efectuada uma limpeza suficiente no exterior do edifício?	1	7	20	24	52	171	82.21154
24	Q24As áreas de responsabilidades definidas?	9	7	19	17	52	148	71.15385
25	Q25 Os processos de avaliação e revisão são sistematizada para avaliar a conformidade com a norma5S orientações?	3	3	19	27	52	174	83.65385
26	Q26 A TPM (TotalProductive Processo de manutenção) em vigor em todos os turnos?	2	9	20	21	52	164	78.84615
27	Q27 A consciencialização e a apropriação são evidentes?	1	7	26	18	52	165	79.32692

28	Q28Arenon as conformidades com as directrizes 5S foram detectadas e corrigidas?	7	4	21	20	52	158	75.96154
29	Q29 Qualidade	6	9	19	18	52	153	73.55769
30	Q30 Custo ou produtividade	2	9	20	21	52	164	78.84615
31	Q31 Entrega ou serviço	7	8	16	21	52	155	74.51923
32	Q32Cliente satsificação	3	4	21	24	52	170	81.73077
33	Q33Moraleor capacitação?	8	11	15	18	52	147	70.67308
34	Q34 Aumento das vendas	1	5	25	21	52	170	81.73077
35	Q35Crescimento e oportunidades	2	15	20	15	52	152	73.07692
36	Q36 Rendibilidade	4	8	25	15	52	155	74.51923
37	Q37 Minimização dos riscos	1	7	24	20	52	167	80.28846
38	Q38Melhorias em produção	9	7	17	19	52	150	72.11538
39	Q39 Redução dos custos	5	12	16	19	52	153	73.55769
40	Q40 Segurança dos trabalhadores	3	9	18	22	52	163	78.36538
** **(Total de pontos pontuados "TPS" = A x 1 + B x 2 + C x 3 + D x 4)**								

A análise do quadro supra revelou que 30,70% dos inquiridos indicaram que a produção melhorou em termos razoáveis e 36,53% em termos substanciais com a aplicação dos 5S e do Kaizen. Foi analisado que 46,15% e 34,61% dos inquiridos referiram que a rentabilidade melhorou em termos de razoavelmente bem ou em grande medida, respetivamente, e 48,07% e 40,38% dos inquiridos referiram a satisfação do cliente em termos de razoavelmente bem ou em grande medida, respetivamente.

Numa análise mais aprofundada, é evidente que a melhoria da cooperação é registada em 50% e 34,61%, respetivamente, em medida razoável e em grande medida. O endireitamento na área de armazenamento é registado em 46,15% e 30,76%, em grande e razoável medida, respetivamente. Contrariamente a isto, a triagem em todos os trabalhos é de 28,84% e 30,76%, numa medida razoável e em grande medida, respetivamente.

Além disso, o Brilho no edifício foi registado em 25% e 50%, em grau razoável e em grau elevado, respetivamente. A normalização foi registada em 48,07% e 28,84%, em grau razoável e em grau elevado, respetivamente. Os riscos foram minimizados pelo 5S e pelo Kaizen em 46,15% e 38,46%, numa medida razoável e em grande medida, respetivamente. Do mesmo modo, a sustentabilidade foi registada em 50% e 34,61%, numa medida razoável e em grande medida, respetivamente.

4.4 *Análise de correlação*

A análise de correlação foi realizada nesta secção, com o objetivo de identificar a relação entre cada afirmação no âmbito dos parâmetros de entrada e de saída. Além disso, a direção da perceção foi medida utilizando a correlação, avaliando as afirmações, uma vez que todas foram medidas na mesma escala. O processo de correlação foi a Correlação de Karl Pearson com um nível de significância de 0,05.

Quadro 4.3 Matriz de correlação de Karl Pearson dos factores de entrada com os factores de saída

	O1	O2
I1	.684	.404
I2	.696	.472
I3	.675	.450
I4	.704	.478
I5	.638	.443
I6	.525	.395
I7	.569	.547
I8	.639	.529
I9	.708	.522
I10	.631	.491
I11	.610	.400
I12	.448	.348
I13	.471	.436
I14	.354	.359
I15	.526	.412
I16	.508	.481
I17	.358	.453
I18	.482	.474
I19	.521	.515

O objetivo da matriz de correlação acima referida era estabelecer a relação e a sua direção entre os diferentes parâmetros das organizações. Também foi formulada a hipótese de significância da relação entre os parâmetros a um nível de significância de 0,05.

H01: Não existe uma relação entre o desempenho da organização (Qualidade, Custo, Produtividade, Entrega, Satisfação do cliente, Vendas, Crescimento, Rentabilidade) e parâmetros de entrada

A análise da matriz de correlação acima referida mostrou que a hipótese nula assumida não era aceitável, uma vez que as correlações obtidas entre o desempenho da organização (qualidade, custo, produtividade, entrega, satisfação do cliente, vendas, crescimento, rentabilidade) e os parâmetros de entrada eram significativas e estavam a ser afectadas na organização de forma positiva.

Concluiu-se que a correlação do desempenho da organização (qualidade, custo, produtividade, entrega, satisfação do cliente, vendas, crescimento e rendibilidade) com os parâmetros *I1* (r = 0,684*), *I2* (r = 0,696*), *I3* (r = 0,675*), *I5* (r = 0,638*), *I8* (r = 0,639*), *I10* (r = 0,631*) e *I11* (r = 0,610*) era significativamente positiva.

H02: Não existe relação entre os benefícios da Organização (Produção melhoria, redução de custos, minimização de riscos, segurança dos trabalhadores) e parâmetros de entrada

A análise da matriz de correlação acima referida mostrou que a hipótese nula assumida não era aceitável, uma vez que as correlações obtidas entre os benefícios da organização (melhoria da produção, redução dos custos, minimização dos riscos, segurança dos trabalhadores) e os parâmetros de entrada eram significativas e estavam a ser afectadas na organização de forma positiva.

Concluiu-se que a correlação dos benefícios da organização (melhoria da produção, redução de custos, minimização de riscos, segurança dos trabalhadores) com os parâmetros *I7* (r = 0,547*), *I8* (r = 0,529*), *I9* (r = 0,522*), *I10* (r = 0,491*), *I16* (r = 0,481*) e *I19* (r = 0,515*) foi significativamente positiva.

4.5 Análise de regressão

O modelo de regressão linear múltipla foi aplicado nesta secção para desenvolver o modelo matemático entre a variável dependente, como todos os processos de produção, e a variável independente, como todos os parâmetros das competências de produção e do sucesso estratégico. O modelo matemático desenvolvido era único para todos os processos de produção. A análise ANOVA foi também efectuada para determinar a significância do modelo de regressão e a significância dos parâmetros independentes foi identificada com o teste t para os coeficientes de regressão.

4.5.1 Desempenho da organização (qualidade, custo, produtividade, entrega, satisfação do cliente, vendas, crescimento, rentabilidade)

Tabela 4.4 Análise de regressão

(a)

Resumo do modelo				
Modelo	R	R Quadrado	Quadrado R ajustado	Erro Std. da Estimativa
1	.675	.585	.543	.536
Preditores: (Constante), I1 TO I19				

(b)

ANOVA				
Modelo	Soma de quadrados	Df	Quadrado médio	F
Regressão	72.245	18	2.257	12.375
Residual	10.485	9	.582	
Total	82.730	27		
Preditores: (Constante), I1 TO I19				
Variável dependente: O1				

(c)

	Coeficientes não padronizados		Normalizado Coeficientes	
	B	Erro Std.	Beta	T
(Constante)	1.032222	0.2297		5.471282
I1	0.033038	0.03203	0.124321	0.268625
I2	0.049058	0.031116	0.241694	2.56512
I3	-0.01602	0.022879	-0.07954	0.84929
I4	0.027032	0.045757	0.092662	3.375925
I5	-0.05607	0.037521	-0.2085	.168912
I6	-0.01101	0.031116	-0.04093	2.413841
I7	0.123145	0.026539	0.418524	.671662
I8	-0.0811	0.021963	-0.39382	4.531756
I9	0.039046	0.0302	0.214667	1.55128
I10	0.057067	0.043012	0.144398	1.601708
I11	0.015017	0.023794	0.073358	0.778958
I12	0.074088	0.031116	0.227022	2.898201
I13	-0.05006	0.0302	-0.20154	.650048
I14	0.081096	0.021963	0.32895	0.401709
I15	0.06007	0.044842	0.167564	.632227
I16	-0.10112	0.036606	-0.30193	0.345405
I17	-0.03104	0.031116	-0.09421	2.545214
I18	0.003003	0.025623	0.007722	0.126067
I19	-0.03204	0.021049	-0.12664	1.821991

Seguem-se os resultados da regressão para a variável dependente *O1* e todos os restantes parâmetros de entrada como variável independente. O modelo de regressão desenvolvido foi significativo, uma vez que a análise ANOVA mostrou um teste $F = 8{,}03$, $p < 0{,}05$. Para além disso, o modelo de regressão de *O1 foi* explicado em 45,0% das variâncias pelos seus preditores.

Os factores de previsão identificados a partir da análise foram os princípios dos 5S e do Kaizen, o fluxo regular de materiais e equipamentos, a cooperação entre os trabalhadores, a melhoria das relações entre a gestão e os trabalhadores, a melhoria da qualidade dos produtos e serviços, o valor acrescentado dos 5S para os clientes, a triagem, o endireitamento, a normalização e a manutenção

4.5.2Benefícios para a organização (melhoria da produção, redução de custos, minimização de riscos, segurança dos trabalhadores)

Tabela 4.5 Análise de regressão

(a)

Resumo do modelo				
Modelo	R	R Quadrado	Quadrado R ajustado	Erro Std. da Estimativa
1	.675	.585	.543	.517

Resumo do modelo				
Modelo	R	R Quadrado	Quadrado R ajustado	Erro Std. da Estimativa
1	.675	.585	.543	.517

Preditores: (Constante), I1 TO I19

(b)

ANOVA				
Modelo	Soma de quadrados	Df	Quadrado médio	F
Regressão	80.314	32	2.509	13.574
Residual	15.279	18	.848	
Total	95.593	50		
Preditores: (Constante), I1 TO I19				
Variável dependente:O2				

(c)

	Coeficientes não padronizados		Normalizado Coeficientes	
	B	Erro Std.	Beta	T
(Constante)	0.992521	0.236804		4.559402
I1	0.031767	0.033021	0.136616	1.057188
I2	0.047171	0.032078	0.265598	0.1376
I3	-0.0154	0.023587	-0.08741	0.707742
I4	0.025992	0.047172	0.101826	2.813271
I5	-0.05391	0.038681	-0.22912	2.64076
I6	-0.01059	0.032078	-0.04498	.011534
I7	0.118409	0.02736	0.459916	4.726385
I8	-0.07798	0.022642	-0.43277	0.776463
I9	0.037544	0.031134	0.235898	1.292733
I10	0.054872	0.044342	0.158679	.334757
I11	0.014439	0.02453	0.080613	0.649132
I12	0.071238	0.032078	0.249475	2.415168
I13	-0.04813	0.031134	-0.22147	0.208373
I14	0.077977	0.022642	0.361484	3.668091
I15	0.05776	0.046229	0.184136	.360189
I16	-0.09723	0.037738	-0.33179	2.787838
I17	-0.02985	0.032078	-0.10353	2.121012
I18	0.002888	0.026415	0.008486	0.105056
I19	-0.03081	0.0217	-0.13916	.518326

Seguem-se os resultados da regressão para a variável dependente *O2 e* todos os restantes parâmetros de entrada como variáveis independentes. O modelo de regressão desenvolvido foi significativo, uma vez que a análise ANOVA mostrou um teste $F = 14,09$, $p < 0,05$. Para além disso, o modelo de regressão do *O2 foi* explicado em 61,0% das variâncias pelos seus preditores. Os factores de previsão identificados a partir da análise foram a comunicação e a implementação eficazes, o fluxo suave de materiais e equipamentos, o respeito dos funcionários pelos 5S e pelo Kaizen, a cooperação dos funcionários, o ambiente seguro e saudável, o Brilho, a Ordenação, o Endireitamento, a Normalização e a Manutenção.

CAPÍTULO 5
CONCLUSÕES E DEBATES

5.1 Conclusão

5.1.1 Pontuação de pontos percentuais (PPS)

A análise da pontuação em pontos percentuais revela que vários factores têm uma boa resposta. Os resultados são os seguintes:

1. Tanto o Q1 como o Q2 têm um PPS de 74,51923. O Q3 tem um PPS de 77,88462. Da mesma forma, o Q4 tem um PPC de 76,92308. O Q5 tem um PPC de 77,40385. Tal como acima referido, a Q6 e a Q7 têm um PPC de 74,51923 e a Q8 tem um PPC de 71,15385, que é o mais baixo de todos.

2. No quadro 4.2, verificamos que a Q9 tem um PPC de 76,92308. A Q10 tem um PPC de 81,25. A Q11 tem um PPC de 77,88462. Q12 tem um PPC de 69,71154. Q13 tem um PPC de 72,11538. Do mesmo modo, a Q14 tem um PPC de 73,07692. Além disso, a Q15 tem um PPC de 68,75 e a Q16 tem 78,36538.

3. Mais uma vez, a Q17 tem um PPS de 78,84615. A Q18 tem um PPS de 76,44231 e a Q19 tem um PPS de 77,40385. Além disso, a Q20 tem um PPC de 74,51923. Do mesmo modo, a Q21 tem um PPC de 72,59615 e a Q22 tem 69,71154. A Q23 tem um PPC de 82,21154, que é o maior dos valores acima referidos. A Q24 tem um PPC de 71,15385.

4. A Q25 tem um PPS de 83,65385 e a Q26 tem 78,84615. Mais uma vez, vemos na

No quadro 4.2, a Q27 tem um PPC de 79,32692. A Q28 tem um PPC de 75,96154.

Além disso, Q29 tem um PPC de 73,55769 e Q30 tem 78,84615. A Q31 tem um PPC de 74,51923 e a Q32 tem um PPC de 81,73077.

5. Mais uma vez, a Q33 tem um PPS de 70,67308. A Q34 tem um valor maior de PPS de 81,73077 e a Q35 tem 73,07692. A Q36 tem um valor de 74,51923 e a Q37 tem um PPC de 80,28846. A Q38 tem um valor de 72,11538 e a Q39 tem 73,55769. A última Q40 tem um PPS de 78,36538.

5.1.2 Resultados da análise de correlação

1. Concluiu-se que a correlação do desempenho da organização (qualidade, custo, produtividade, entrega, satisfação do cliente, vendas, crescimento, rendibilidade) com os parâmetros

I1 (r = 0,684*), *I2* (r = 0,696*), *I3* (r = 0,675*), *I5* (r = 0,638*), *I8* (r = 0,639*), *I10* (r = 0,631*) e *I11* (r = 0,610*) foi significativamente positiva.

2. Concluiu-se que a correlação dos benefícios da organização (melhoria da produção, redução de custos, minimização de riscos, segurança dos trabalhadores) com os parâmetros *I7* (r = 0,547*), *I8* (r = 0,529*), *I9* (r = 0,522*), *I10* (r = 0,491*), *I16* (r = 0,481*) e *I19* (r = 0,515*) foi significativamente positiva.

5.1.3 Resultados da análise de regressão

1. O modelo de regressão desenvolvido foi significativo, uma vez que a análise ANOVA mostrou F - teste = 8,03, p < 0,05. O resultado mostra que o modelo de regressão de *O1* foi explicado em 45,0% das variâncias pelos seus factores de previsão.

2. O modelo de regressão desenvolvido foi significativo, uma vez que a análise ANOVA revelou um teste F = 14,09, p < 0,05. Os resultados indicam que o modelo de regressão do *O2* foi explicado em 61,0% das variâncias pelos seus factores de previsão.

5.1.4 Discussão sobre 5S

Os factores de benefícios para a organização (melhoria da produção, redução de custos, minimização de riscos, segurança dos trabalhadores) tiveram um efeito positivo com a utilização da metodologia 5S.

O seu desempenho global foi melhorado. Verificou-se que o desperdício e o retrabalho são menores nas empresas que aplicam os 5S do que naquelas em que estes não são aplicados. No que respeita à segurança industrial, os 5S tiveram um impacto positivo na segurança dos trabalhadores. Os riscos globais foram reduzidos. As condições ambientais estavam em bom estado nas indústrias que implementaram os 5S. A qualidade dos produtos era boa devido a um ambiente limpo.

5.1.5 Discussão sobre Kaizen

O impacto do Kaizen foi observado em vários factores, como o desempenho da organização (qualidade, custo, produtividade, entrega, satisfação do cliente, vendas, crescimento, rentabilidade), através de uma análise crítica das indústrias que implementaram o Kaizen e das que têm uma cultura indiana. As indústrias que implementaram o Kaizen mostraram que o seu desempenho é melhor. O ambiente destas indústrias é tal que os trabalhadores ficaram impressionados com estas técnicas. O desempenho global foi calculado e discutido no capítulo 4th . Ao analisar o inquérito, foi feita uma análise crítica das indústrias.

5.1.6 Efeito combinado de 5S e Kaizen

Há um fator que deve ser considerado: a segurança. A segurança é considerada como 6S quando implementamos a metodologia 5s ou Kaizen. Concluiu-se também que são necessários programas de formação que ensinem não só os níveis básicos, mas também os níveis intermédios e avançados de KAIZEN, que são utilizados para descobrir quais os conteúdos de formação que são rentáveis. É também importante verificar o processo de implementação de novas técnicas de gestão numa empresa, através do envolvimento interno dos trabalhadores na compreensão dos conceitos de 5S e Kaizen. O processo de difusão dos 5S e do Kaizen teve um bom impacto na produção industrial.

5.2 Limitações da investigação

1. A investigação é feita apenas em pequenas e médias empresas, o que afecta a pontuação percentual.
2. A investigação é efectuada apenas nas indústrias da região do Estado do Punjab. Os resultados são baseados no estado.
3. Algumas indústrias implementaram parcialmente as técnicas de produção optimizada.

5.3 Âmbito futuro

1. Todos os sectores, ou seja, as indústrias de grande dimensão, podem ser abrangidos pela investigação.
2. A investigação pode ser efectuada em indústrias regionais baseadas no país.
3. As técnicas Kaizen podem ser implementadas com a combinação da cultura indiana presente nas indústrias, de modo a que os trabalhadores indianos possam compreender facilmente estas técnicas estrangeiras.

REFERÊNCIAS

- Singh, CD; and Khamba, JS (2014), "Analysis of Manufacturing Competency for an

Automobile Manufacturing Unit", *International Journal of Engineering, Business and Enterprise Applications*, Vol. 9, Issue 1, June-August 2014, pp: 44-51.

- Singh, CD; e Khamba, JS (2014), "Analysis of Strategic Success for an Automobile Manufacturing Unit", *International Journal of Engineering, Business and Enterprise Applications*, Vol. 9, Issue 2, June-August 2014, pp: 104-111.
- Singh, CD; e Khamba, JS (2014), "Evaluation of Manufacturing Competency factors on performance of an Automobile Manufacturing Unit", *International Journal for Multi-Disciplinary Engineering and Business Management*, Volume-2, Issue-2, June-2014, pp: 4-16.
- Singh, CD; and Khamba, JS (2014), "Evaluation of Strategic Success factors on performance of an Automobile Manufacturing Unit", *International Journal of Engineering Research& Management Technology*, Volume-1, Issue-4, July-2014, pp: 144-157.
- Singh, CD; Khamba, JS; Singh S, e Singh N (2014), "Exploring Manufacturing Competencies of a Trator Manufacturing Unit", *International Journal of Applied Studies*, Volume: 1, Issue: 1, Jan 2014, pp: 53-62.
- Singh, CD; Singh, P; e Khamba, JS (2014), "To study the role of manufacturing competency in the performance of Preet Trator Manufacturing Unit", *International Journal for Multi-Disciplinary*

Engenharia e Gestão de Negócios, Volume-2, Edição-2, junho-2014, pp: 4-7

- Singh, CD; Singh, P; e Khamba, JS (2014), "To study the role of manufacturing competency in the performance of SonalikaTractor Manufacturing Unit", *International Journal of Engineering, Business and Enterprise Applications*, Vol. 8, Issue 1, March-May., 2014, pp. 62-66
- Singh, CD; e Khamba, JS (2015), "Competency Strategy Model Analysis using SEM", *International Journal for Multi-Disciplinary Engineering and Business Management*, Volume-3, Issue-3, July2015, pp: 37-41.
- Singh, CD; and Khamba, JS (2015), "AHP Analysis of Manufacturing Competency and Strategic Success Factors", *International Journal in Applied Studies and Production Management*,

Volume-1, Issue-2, May- August 2015, pp: 357-373.

- Singh, CD; e Khamba, JS (2015), "Manufacturing Competency & Economic Effects: A Review", *Journal of Emerging Trends in Engineering, Science and Technology*, Vol. 3, No. 2, setembro de 2015, pp: 16-20
- Singh, CD; e Khamba, JS (2015), "Competência Tecnológica e Gestão Estratégica: A Review",*Journal of Emerging Trends in Engineering, Science and Technology*, Vol. 3, No. 2, September 2015, pp: 21-26
- Singh, CD; e Khamba, JS (2015), "Competency Development through Strategic Management", *International Journal for Multi-Disciplinary Engineering and Business Management*, Volume-3, Issue-3, setembro de 2015, pp: 129-132.
- Singh, CD; e Khamba, JS (2015), "A Case Study of a Two Wheeler Manufacturing Unit on Manufacturing Competency & Strategic Success",*International Journal of Engineering Research in Africa (Trans Tech Publications)*, Vol. 19, October 2015, pp: 138-155.
- Singh, CD; e Khamba, JS (2015), "Structural Equation Modelling for Manufacturing Competency and Strategic Success Factors",*International Journal of Engineering Research in Africa (Trans Tech Publications)*, Vol. 19, October 2015, pp: 156-170.
- Singh, CD; e Khamba, JS (2015), "Effect of Manufacturing Competency on Strategic Success: A Case Study in an Agricultural Manufacturing Unit", *International Journal of Physical and Social Sciences*, Vol. 5, Issue 10, October 2015, pp: 544-571
- Singh, CD; e Khamba, JS (2015), "Role of Manufacturing Competency in Strategic Success of a Commercial Vehicle Manufacturing Unit: A CaseStudy", *International Journal of Management, IT & Engineering*, Vol. 5, Issue 10, October 2015, pp: 24-41
- Singh, CD; Khamba, JS e Kaur H (2015), "Exploring Manufacturing Competency and Strategic Success: A Review", *2nd International Conference on Production & Industrial Engineering 2015proceedings*,13 (3) (2015), pp: 1655-1658.
- Singh, CD; Khamba, JS; Singh, R e Singh, N (2014), "Exploring Manufacturing

Competencies of a Two Wheeler Manufacturing Unit", *27ª Conferência Internacional sobre CAD/CAM, Robótica e Fábricas do Futuro 2014 IOP Publishing IOP Conf. Series: Ciência e Engenharia de Materiais*, 65 (2014), pp: 1-9.

- Khamba, JS; Singh, CD e Singh H (2013), "Exploring Manufacturing Competencies of Car Manufacturing Unit", *Conferência Internacional sobre Avanços e Tendências Futuristas em Engenharia Mecânica e de Materiais*, (3-6 de outubro de 2013), pp: 88-97.
- Vipul Kumar C. Patel e Hemant Thakkar: *Um estudo de caso: 5S implementation in ceramic manufacturing company*, Bonfring International Journal of Industrial Engineering and Management Science, Vol. 4, Issue 3, August 2014.
- Yakichi Mano, John Akoten, Tetsushi Sonobe: *Teaching KAIZEN to small business owners: Uma experiência num cluster de metalurgia em Nairobi*, J. Japanese Int. Economics 33 (2014) 25-42.
- Mariano Jimenez, Luis Romero, Manual Dominguez: *Implementação da metodologia 5S nos laboratórios de uma escola universitária de engenharia industrial*, UNED, Madrid, Espanha; Journal of Safety Science Vol. 78 (2015) 163-172.
- Chantal Baril, Viviane Gascon, Jonathan Miller: *Utilização da simulação de eventos discretos num evento Kaizen: Um estudo de caso no sector da saúde*, Canadá; European Journal of Operation Research 249(2016) 327-339.
- Beth Junker: *Kaizen for improvement of Rapid Protein Production for early reagent protein quantities*, Merck Research Labs, Rahway, NJ, Estados Unidos; Biochemical Engineering Journal 49(2010) 435-444.
- Yuki Higuchi, Vu Hoang Nam, Tetsushi Sonobe: *Impacto sustentado da formação Kaizen*, Universidade da Cidade de Nagoya, Nagoya, Japão , Journal of Economic Behaviour and Organization (2014).
- Luixing Tso, P.L. Patrick: *Devolpment of a quick instrument measuring Kaizen culture (for Chinese)*, Procedia Manufacturing ,Vol.3 (2015) 47084715.

- Pankaj M. Dhongade, Manjeet Singh, Vivek A Shrouty: *A Review: Literature Survey for the Implementation of Kaizen*, BIST, Bhopal; Revista Internacional de Engenharia e Tecnologia Inovadora (IJEIT) Volume 3, Edição 1, julho de 2013.
- Adam Paul Brunet e Steve New: *Kaizen in Japan: an empirical study*, Business School, Oxford, UK; International Journal of Production Management, Vol. 23(2012).
- Chantal Barila, Viviane Gascon, Jonathan Millerc, Nadine Côtéd: *Utilização de uma simulação de eventos discretos num evento Kaizen: Um estudo de caso no sector da saúde*, Departamento de Engenharia Industrial, Canadá; European Journal of Operational Research 249 (2016) 327-339.
- Yukichi Mano , John Akoten , Yutaka Yoshino , Tetsushi Sonobe: *Ensinar KAIZEN a proprietários de pequenas empresas: An experiment in a metalworking cluster in Nairobi*, Universidade Hitotsubash, Tóquio, Japão; J. Japanese Int. Economies 33 (2014) 25-42.
- Midiala OropesaVento, Jorge Luis GarcíaAlcaraz, Leonardo Rivera & Diego F. Manotas: *Efeitos do compromisso de gestão e organização de equipas de trabalho sobre os benefícios do Kaizen: Fase de planeamento*, Universidade de Engenharia e Tecnologia, México; vol.82 no.191, maio/junho 2015.
- Pankaj M. Dhongade, Manjeet Singh, Vivek A Shrouty: *A Review: Literature Survey for the Implementation of Kaizen*, Industrial Engg. & Mgmt. (BIST, Bhopal); International Journal of Engineering and Innovative Technology (IJEIT) ;Volume 3, Issue 1, July 2013.
- Juthamas Choomlucksanaa, Monsiri Ongsaranakorna, Phrompong Suksabaia: *Melhorar a produtividade da área de submontagem de estampagem de chapa metálica utilizando a aplicação de princípios de fabrico optimizados*, Departamento de Manuseamento de Materiais e Engenharia Logística, Universidade de Tecnologia King Mongkufs, Banguecoque Norte, Banguecoque, Tailândia; Procedia Manufacturing vol. 2 (2015) 102 - 107.
- Jennifer A. Farris, Eileen M. Van Aken, ToniL. Doolen, June Worley: *Critical success factors for human resource outcomes in Kaizen events: An empirical study*, Department of Industrial

Engineering, Texas Tech University, Lubbock, USA; Int. J. Production Economics 117 (2009) 4265.

- Siti Hajar, Abdul Rahman: *Quality environment 5S enhance service performance: a case study in Malacca State* Government,Tese, UTeM.

- Vikas Bharat Bhushan Singh, Sanjay C Shah: *Implementing Kaizen in A Job Shop Industry Through Multi-Skilling of Labour*, G. H. Patel College of Engineering & Technology GTU, VallabhVidhyanagar, Gujarat, India; International Journal of Emerging Technology and Advanced Engineering ,Volume 4, Issue 3, March 2014.

- Abhijit Chakraborty, Madhuri Bhattacharya, Saikat Ghosh, Gourab Sarkar: *Importância do conceito Kaizen nas médias empresas de fabrico*, Instituto Global de Gestão e Tecnologia, Bengala Ocidental, Índia; International Journal of Management and Strategy, Vol. No.4, Issue 6, janeiro-junho de 2013.

- Rajesh Gautam, Sushil Kumar, Dr. Sultan Singh: *Kaizen Implementation in an Industry in India: A Case Study*, International Journal of Research in Mechanical Engineering & Technology Vol. 2, Issue 1, April l 2012.

Printed by Books on Demand GmbH, Norderstedt / Germany